SOCIÉTÉ HIPPIQUE

DE L'ARRONDISSEMENT DE MORTAGNE

(ORNE)

POUR L'AMÉLIORATION

DES CHEVAUX D'ESPÈCE PERCHERONNE.

MORTAGNE

IMPRIMERIE DE A. DAUPELÉY

PLACE D'ARMES

1851

SOCIÉTÉ HIPPIQUE
DE L'ARRONDISSEMENT DE MORTAGNE
(ORNE)
POUR L'AMÉLIORATION
DES CHEVAUX D'ESPÈCE PERCHERONNE.

COURSES DE MORTAGNE.

Les Courses de Mortagne, depuis si longtemps annoncées, ont été brillamment inaugurées dimanche dernier 28 septembre. A voir le changement subit qui s'est opéré depuis et tout d'un coup dans l'atmosphère, on serait presque tenté de croire que le ciel et la terre s'étaient entendus pour leur accorder une entière protection ; un beau soleil d'été n'a cessé d'éclairer cette fête, aussi dès le matin de nombreux visiteurs arrivaient de toutes parts.

A onze heures et demie, M. le Maire, à la tête du corps municipal, auquel s'étaient joints MM. les Membres de la Société Hippique, partait de l'Hôtel-de-Ville, accompagné d'un piquet d'honneur de la garde nationale et des musiques de Bellême et de Mortagne, pour prendre M. le Sous-Préfet et de là se rendre sur le lieu des Courses : à la hauteur de la place d'Armes une salve d'artillerie a salué le cortège qui, déjà à cet endroit, se trouvait comprimé par une foule des plus compactes.

L'arrivée à l'hippodrome, situé à l'extrémité du faubourg Saint-Eloi, dans une vaste plaine, présentait un spectacle admirable, de hautes et vastes tribunes surmontées de drapeaux aux couleurs nationales étaient déjà remplies de spectacteurs, des oriflammes tricolores ondulaient dans les airs ; une foule immense se pressait à l'extérieur du cirque.

Immédiatement après que les Autorités et les Sociétaires eurent pris place dans la tribune qui leur était réservée, **M. Piquet**, Maire de Mortagne, Représentant du peuple et Président de la Société Hippique, a prononcé le discours suivant :

MESSIEURS,

Ce n'est pas devant vous, qui avez tant fait pour l'importer dans notre arrondissement, qu'il convient d'énumérer les avantages généraux de l'institution des Courses; aux objections de ses détracteurs, elle a répondu par des services qui l'ont popularisée et acclimatée dans toutes les parties de la France; en même temps qu'elle a révélé l'étendue des ressources de notre industrie chevaline, elle les a considérablement accrues et développées. Notre contrée à laquelle la richesse de son sol semble recommander l'élève du cheval, ne devait, ne pouvait négliger un des plus puissans moyens de faire apprécier ses produits.

La race percheronne n'a pas à redouter, mais à provoquer la comparaison avec les autres races, même améliorées par le croisement. Pour avoir tout son prix, elle n'a pas besoin de secours étrangers : ce qui importe à son succès, c'est qu'elle soit rendue à toute sa pureté. Notre intérêt, l'intérêt des consommateurs de tous les pays, c'est qu'une race qui allie la vigueur à la solidité, et dont la destination principalement industrielle est loin d'exclure d'autres destinations, soit conservée au commerce, à l'agriculture, au service militaire, et à tous ces usages d'utilité et même de luxe auxquels la souplesse de sa nature peut facilement l'approprier.

Replacer cette race à la hauteur d'un renom qu'elle n'a jamais perdu, et cela, en la préservant de tout mélange qui l'altèrerait, ce n'est pas renoncer à l'améliorer. Nous n'avons pas à enrichir un sang qui par lui-même est assez généreux, nous n'avons qu'à le conserver et à le purifier.

L'institution des Courses que tous nos éleveurs éclairés

appelaient de leurs vœux, ne permettra pas seulement aux étrangers de vérifier le mérite et la supériorité de nos chevaux, elle fournira à tous ceux qui dans notre pays s'occupent de cette élève, l'occasion naturelle de s'éclairer entre eux sur les meilleurs systèmes d'éducation, de choisir ou de patroner les meilleurs reproducteurs ; et l'émulation surexcitée par les rémunérations, garantira des sacrifices qui garantiront eux-mêmes des réussites et des progrès.

C'est bien là ce que vous avez espéré et attendu, Messieurs, lorsque reconnaissant l'insuffisance d'une simple distribution de primes d'encouragement, vous êtes venus si puissamment en aide au Conseil général et au Conseil municipal de Mortagne en créant une Société Hippique qui a donné des moyens d'existance et de durée, et en quelque sorte assuré l'avenir à des Courses, dans lesquelles ne seront admis que des chevaux nés et élevés dans le département.

Votre attente ne sera pas déçue, et le succès auquel vous assisterez, que vous pourrez, dans une certaine mesure, considérer comme votre œuvre, sera votre récompense.

Le Gouvernement, auquel revient une large part d'initiative, apprécie lui-même les rares qualités de notre race percheronne; il a l'œil fixé sur nos épreuves, et la subvention qu'il a bien voulu accorder à notre institution naissante, n'est pas, — nous l'espérons, — la limite de ses bonnes intentions.

Notre arrondissement, Messieurs, doit une grande partie de son importance à l'agriculture. Plus qu'aucun autre il souffre de ce qui la fait souffrir, ou de ce qui l'entrave ; il prospère avec elle et par elle. Les jours difficiles, les moments de crise durent sans doute trop longtemps au gré de ceux qui les traversent et les subissent, mais ils ne sont jamais qu'accidentels : ils ne constituent point un état permanent.

L'agriculture, cet élément si considérable de notre vie sociale, se relèvera; elle a besoin de calme et de sécurité, c'est-à-dire qu'elle est subordonnée à des conditions qui dépendent principalement de nous, de notre union, des sacrifices de nos passions, même de nos idées personnelles, et de la ferme volonté de n'accepter pour unique loi que l'intérêt du pays.

Que les autres départements offrent au même dégré que le nôtre, la modération d'opinions, la sagesse, l'intelligence pratique, et l'avenir sera bientôt sans inquiétudes et sans menaces.

Ensuite M. le Sous-Préfet de Mortagne, Vice-Président honoraire de la Société Hippique a pris la parole et s'est exprimé en ces termes :

MESSIEURS,

Une nombreuse population accourue de tous les points du département attend impatiemment que vous ouvriez l'arène pour la lutte qui s'apprète; je me garderai de prolonger longtemps cette attente; ce n'est pas auprès de vous, d'ailleurs, ce n'est pas surtout, après le discours si bien rempli de votre honorable Président que j'aurais besoin de faire valoir les avantages de l'institution que nous inaugurons aujourd'hui pour nos contrées.

Mais, appelé à être auprès de la Société l'interprète du premier magistrat du département, qui, forcé de s'absenter, éprouve le regret de ne pouvoir prendre part à cette solennité, je ne saurais laisser échapper l'occasion de rendre hommage au zèle éclairé de la Commission Hippique instituée par l'arrêté ministériel de 1847.

C'est elle qui, sous l'influence des votes du Conseil général et du Conseil d'arrondissement, avec le concours de l'administration municipale de Mortagne, du représentant du canton de Mortagne au Conseil général et de M. le Directeur du Haras du Pin, a jeté les bases de cette institution.

Je ne pourrais non plus, messieurs, manquer de vous donner l'assurance de l'appui que votre association trouvera tuojours dans le gouvernement et dans l'administration pour l'accomplissement de l'œuvre vraiment nationale qu'elle a entreprise.

Vous avez déjà un gage des bienveillantes dispositions du gouvernement dans l'allocation d'une subvention de l'Etat qui vous a été spontanément offerte.

Si le chiffre de cette subvention n'est pas aussi élevé que vous auriez pu le désirer, c'est, vous le savez, parcequ'il est de principe, principe d'équité et de bonne politique, que les caisses publiques ne doivent venir en aide aux entreprises locales qu'en proportion des sacrifices que les populations s'imposent elles-mêmes.

L'administration a donc dû, au début de l'institution, se borner à faire preuve de bon vouloir et attendre l'effet de l'appel adressé à ces populations.

Telle a été aussi, sans doute, la pensée qui a dirigé le Conseil général dans la fixation du crédit mis, cette année, à votre disposition sur les fonds départementaux.

Mais, maintenant, le vœu et les besoins du pays se sont hautement manifestés, et les impressions de la journée vont donner à l'expression de ce vœu et de ces besoins une vive impulsion à laquelle l'Etat et le département répondront, sans doute, en entrant largement dans la voie des subventions.

La présence dans cette réunion de nos honorables Représentants à l'Assemblée législative et au Conseil général nous garantit la réalisation de ces assurances que poursuivra, de son côté, avec son zèle accoutumé, M. le délégué de l'Administration des Haras.

Pour moi, messieurs, dans la modeste sphère de mon action, je travaillerai de tout mon pouvoir au succès d'une œuvre qui, tout en témoignant de l'excellent esprit de nos populations et de leur foi dans l'avenir, assure au pays tout à la fois la conservation d'une des plus riches branches de son économie rurale et le maintien d'une ancienne renommée.

Donnez avec confiance, messieurs, le signal du départ à vos agiles et vigoureux coursiers; on proclamera hautement, en les voyant à l'œuvre, que le pays qui possède la race percheronne, doit cesser d'être, pour la remonte de sa cavalerie, tributaire de l'Etranger!

Ces deux discours ont été accueillis par de nombreux applaudissements.

Puis la cloche a sonné, la lice s'est ouverte;

Quatre concurrents se sont présentés au poteau pour y disputer le premier prix.

1re Course. — *1er Prix du Conseil général : 300 fr. — Pour chevaux entiers de 3 ans. — Distance : 3 kilomètres.*

L'Aigle, appartenant à M. **Bourget**, demeurant au Buat, près l'Aigle, 7 m. 56 s., vainqueur.

Rapporteur, appart. à M. **Chéradame**, demeurant à Ecouché, 8 m.

Le Sandis, appartenant à M. **Pierre-Pierre**, demeurant à la Forge, près Alençon.

Canard, appartenant à M. **Catois**, demeurant à Pervenchères.

2e Course. — *1er Prix de la ville de Mortage : 250 fr. — Pour chevaux entiers de 30 mois. — Distance 2 kilomètres. — 7 engagés, 5 au poteau.*

Regnault, appartenant à M. **Chéradame**, demeurant à Ecouché, 4 m. 50 s., vainqueur.

Malborough, appart. à M. **Fosset**, demeurant à Bure, 5 m. 15 s.

Mouton, appart. à M. **Rivière**, demeurant à Loisail, 5 m. 28 s.

Docile, appartenant à M. **Perpère**, demeurant au Pin-la-Garenne.

Bijoux, appartenant à M. **Brou**, demeurant à Loisail.

3e Course. — *1er Prix de l'Administration des Haras : 200 fr. — Pour chevaux entiers de 3 ans. — Distance : 3 kilomètres. — 2 engagés, 1 au poteau.*

Canard, appart. à M. **Catois**, demeurant à Pervenchères, 8 m. 30 s.

Ce cheval a couru seul et a dépassé de 30 secondes le maximum du temps accordé. (Pas de prix.)

4° Course. — *2° Prix de l'Administration des Haras :
200 fr. — Pour juments de 3 ans. — Distance : 3 kilomètres. — 3 engagées, 3 au poteau.*

Comtesse, appartenant à M. **De Vanssay de Blavou**, demeurant
à Saint-Denis-sur-Huisne, 7 m. 36 s., vainqueur.
Delphine, appart. à M. **Dujarrier** fils, demeurant à Buré, 7 m. 37 s.
Poule, appart. à M. **De Chazot**, demeurant à Eperrais, 7 m. 37 s.

Deux primes de 50 fr. chaqu'une ont été accordées par le Jury à
MM. **Dujarrier** fils et **De Chazot**.

5° Course. — *2° Prix du Conseil général : 400 fr. —
Pour chevaux entiers de 3 et 4 ans. — Distance : 4 kilomètres. — 2 engagés, 2 au poteau.*

Rapporteur, appartenant à M. **Chéradame**, demeurant à Ecouché,
10 m. 26 s., vainqueur.
Lenoir, appart. à M. **Géru**, demeurant à Echauffour, 11 m. 7 s.

6° Course. — *1er Prix de la Société Hippique : 250 fr.
— Pour chevaux entiers de 30 mois. — Distance : 2 kilomètres. — 7 engagés, 4 au poteau.*

Malborough, appart. à M. **Fosset**, demeurant à Buré, 5 m. 17 s.,
vainqueur.
Velox, appart. à M. **Chéradame**, demeurant à Ecouché, 5 m. 17 s.
Mouton, appartenant à M. **Rivière**, demeurant à Loisail.
Tigris, appartenant à M. **Girard**, demeurant à La Mesnière.

7° Course. — *Prix donné moitié par la ville de Mortagne
et moitié par la Société Hippique : 300 fr. — Pour juments
de 3, 4 et 5 ans. — Distance : 4 kilomètres. — 8 engagées,
6 au poteau.*

Julie, appartenant à M. Vincent **Lindet**, demeurant à Saint-
Léger, 9 m. 4 s., vainqueur.
Sophie, appartenant à M. **Fromentin**, demeurant à Eperrais,
10 m. 4 s.
Favorite, appart. à M. **Brou**, demeurant à Loisail, 10 m. 27 s.
Bijou, appartenant à M. **Béguin**, demeurant à Saint-Jouin.

Mouche, appartenant à M. **De Romanet**, demeurant à Beslou-le-Trichard.

Albony, appartenant à M. **Bazile** père, demeurant au Quart-Saint-Julien.

Une prime de 50 fr. a été accordée par le Jury à M. **Fromentin**.

8ᵉ Course. — *3ᵉ Prix de l'Administration des Haras : 300 fr. — Pour chevaux entiers de 3, 4 et 5 ans. — Distance : 4 kilomètres. — 2 engagés, 2 au poteau.*

Couche-tout-nu, appartenant à M. **Deschandelliers**, demeurant à Mortagne, 11 m. 16 s., vainqueur.

Lenoir, appart. à M. **Géru**, demeurant à Echauffour, 11 m 25 s.

9ᵉ Course. — *3ᵉ Prix de la Société Hippique : 200 fr. — Pour juments de tout âge. — Distance : 4 kilomètres. 14 engagées, 8 au poteau.*

Brisetout, appart. à M. **Burin**, demeurant à Montchevrel, 9 m. 24 s., vainqueur.

Boulotte, appartenant à M. **De Romanet**, demeurant à Beslou-le-Trichard, 9 m. 40 s.

Percheronne, appartenant à M. **Chéradame**, demeurant à Econché, 9 m. 51 s.

Mignonne, appartenant à M. **Pierre-Pierre**, demeurant à la Forge, près Alençon.

Favorite, appartenant à M. **Brou**, demeurant à Loisail.

Bijoux, appartenant à M. **Gendrel**, demeurant à Saint-Germain-de-Martigny.

Sophie, appartenant à M. **Fromentin**, demeurant à Eperrais.

Jabine, appartenant à M. **Dujarrier**, demeurant à Buré.

Une prime de 50 fr. a été accordée par le Jury à M. **De Romanet**, de Beslou-le-Trichard.

10ᵉ Course. — *3ᵉ Prix du Conseil général : 500 fr. — Pour chevaux entiers de 3 à 6 ans. — Distance : 4 kilomètres. — 3 engagés, 3 au poteau.*

Bijoux, appartenant à M. **Perpère**, demeurant au Pin-la-Garenne, 10 m. 40 s., vainqueur.

Pierrot, appart. à M. **Géru**, demeurant à Echauffour, 11 m. 7 s.

Bijoux, appartenant à M. **Vallée**, demeurant à Courgeon.

Dans toutes ces courses, malgré des appréhensions bien naturelles, alors surtout qu'il s'agissait d'animaux mis en présence et dans un contact presque immédiat, on n'a eu aucun accident à constater.

On a pu remarquer que tous les animaux étaient, sinon purs percherons d'origine, au moins avaient tous une structure, une conformation qui se rapprochait le plus du type de cette antique race. Messieurs les Membres du Jury, en faisant ces choix, ont, nous le pensons, répondu à l'attente générale d'une manière qui ne laisse pas de doute sur leurs intentions et qui doit lever tous les scrupules que s'étaient faits certains éleveurs à l'endroit des mots contenus dans le programme « *chevaux d'espèce percheronne améliorée.* »

L'indication exacte des distances et des vitesses obtenues, encore bien que l'hippodrome, d'un périmètre de mille mètres dans un terrain tantôt solide, tantôt mou et dont tout un côté dans une étendue de 250 mètres environ présente des inégalités et des pentes qui varient de 6 à 8 centimètres par mètre, prouve incontestablement que l'on peut comme toujours et avec autant d'avantage, compter sur les chevaux percherons et qu'en marchant dans la voie d'un progrès raisonné, loin de les voir descendre dans l'ordre de la classification des races chevalines, nous ne pourrons qu'aspirer à leur faire gagner quelques dégrés au tableau.

Nous ne finirons pas sans faire savoir à nos lecteurs, qu'un des chevaux vainqueurs, *Laigle,* appartenant à M. **Bourget** père, a été acheté immédiatement après la Course par M. le Directeur du Haras de Bonneval, que nous félicitons d'une pareille acquisition, parceque nous avons la conviction que *Laigle* nous donnera des produits qui feront époque dans la rénovation de notre race.

Disons, en terminant ce compte rendu, que maintenant Mortagne, à l'imitation de toutes les contrées qui s'occupent de l'élève du cheval a ses courses établies et consacrées par une première et belle épreuve, et que cette épreuve laisse loin derrière elle ces distributions de primes *à la main* qui partout n'ont produit que le découragement.

Disons aussi, en conviant nos lecteurs pour la fête de l'an prochain, que celle-ci s'est terminée par un feu d'artifice tiré sur la place d'Armes, et réouverte le lendemain par une course humaine, en sacs, et par une ascension à un mât de cocagne.

DAUPELEY.

NOMS DES MEMBRES

DE LA SOCIÉTÉ HIPPIQUE.

MEMBRES DE LA COMMISSION.

MM.

Le Préfet de l'Orne, Président honoraire.
Le Sous-Préfet de Mortagne, Vice-Président honoraire.
Le Maire de Mortagne, Président.
DE VANSSAY (Alfred), Vice-Président.
DE CHAZOT, Secrétaire.
DE MAUPEOU, Trésorier.
DE BEAUMONT (Jules), à Courgeoût.
BOURGET père, propriétaire à Saint-Ouen-sur-Iton.
DE LA CHARPENTERIE (Charles), propriétaire à Champaillaume, commune de Loisail.
GAUTIER, Vétérinaire à Mortagne.
DE LABRIFFE, Maire à Beaulieu.
MARGUERY père, propriétaire à St-Maurice-les-Charencey.
PELLETIER aîné, propriétaire au Pin-la-Garenne.
PERPÈRE, propriétaire an Pin-la-Garenne.
DE VANSSAY (Aglibert), propriétaire à la Forgetterie, commune de Mortagne.
DE VANSSAY de Blavou, propriétaire à Blavou, commune de Saint-Denis-sur-Huisne.
VAUX, Maire à Saint-Quentin-de-Blavou.

MEMBRES SOUSCRIPTEURS.

MM.

BAZILE père, au Mesle.
BAZILE fils.
BEAUMONT, Médecin à Mortagne.
BEAUMONT, Médecin à La Gravelle.
BERNIER, à Mortagne.
BERTHE, propriétaire à Courgeoût.
BIOCHE, directeur du Haras de Bonneval.
BLONDEL, à Mortagne.
BOUCHER-MAILLARD, aubergiste à Mortagne.
BOURDON, Sous-Préfet à Mortagne.
BOURGET père, à Saint-Ouen-sur-Iton.

MM.

BOURGET fils à l'Aigle.
BOUVIER, banquier à Mortagne.
BRESDIN, notaire à Longny.
BRIDEAU, juge de paix à Mortagne.
BRIDEAU, notaire à Mortagne.
BROU, cultivateur à la Forgetterie.

CANTREL, propriétaire à Longny.
CATTOIS, propriétaire à Pervenchères.
CÉCIRE, maître d'hôtel à l'Aigle.
CHALINE aîné, cafetier à Mortagne.
CHAPLAIN, négociant à Mortagne.
CHARTIER-DERRIEUX, percepteur à Bellême.
CHARTIER, curé de Mortagne.
CHAZEL, (Théodore), à Bellême.
CHORAND, épicier à Mortagne.
CHÉRADAME, demeurant à Ecouché.
COISPELLIER, clerc de notaire à Mortagne.
COGEON, vétérinaire au Mesle-sur-Sarthe.
COHU, pharmacien à Mortagne.
COHIN, propriétaire à Saint-Aubin-des-Groies.
COLLIN, propriétaire à Pervenchères.
COTTIN, ancien maire de Mortagne.
CLOUET, maître de poste à l'Aigle.
CRESTE, clerc d'avoué à Mortagne.
CRESTE (Alphonse).

DAUPELEY, Imprimeur à Mortagne.
DE BEAULNY, propriétaire à Regmalard.
DE BEAUMONT (Achille), propriétaire à Bellou.
DE BEAUMONT (François), propriétaire à Courgeoût.
DE BEAUMONT (Jules), *idem.*
DE BEAUMONT (Olivier). *idem.*
DE BELLOU (Achille), à Gevraise, près Bellême.
DE BOISDHYVER, inspecteur des forêts à Mortagne.
DE BLAVETTE propriétaire à Barville.
DE BOISSIEU, propriétaire à Moussonvilliers.
DE BOYNE (Armand-Julien-François), à Mamers.
DE BOYNE (Armand-Louis-François), à Bellavilliers.
DE CAQUERAY, insp. de l'instruct. primaire, à Mortagne
DE LA BRIFFE père, propriétaire à Mortagne.
DE LA BRIFFE fils.

MM.

DE BRULMAIL.
DE LA CHARBONNERIE, propriétaire à Loisail.
DE CHARENCEY, Représentant du Peuple.
DE LA CHARPENTERIE (Mlle).
DE LA CHARPENTERIE, (Mme Victor).
DE LA CHARPENTERIE, de la Torinière.
DE LA CHARPENTERIE (Charles).
DE CHAZOT, Maire d'Éperrais.
DE COHARDON, propriétaire à Mortagne.
DE COULONGES, propriétaire à Coulonges.
DE LA CROIX, propriétaire à l'Aigle.
DE COURCIVAL.
DELAPORTE, Aubergiste à Mortagne.
DELOGÉ, aubergiste à Mortagne.
DELORME, notaire à Mortagne.
DENOS, propriétaire à Mortagne, rue de Rouen.
DESCHANDELLIERS, maître de poste à Mortagne.
DESTOURNELLES, conservateur des Hypothèques.
DESVAUX (Jean-Louis), à Longny.
DE FALANDRE (Mme), propriétaire à Mahéru.
DE FALANDRE, propriétaire à Mahéru.
DE FOULQUES, maire de Beaufay.
DE FRESNE (Mme), propriétaire à Mortagne.
DE LA GENEVRAYE, propriétaire au Merlerault.
DE GUÉROULT, propriétaire à Mortagne.
DE HÉRISSAY, à Saint-Germain-de-Martigny.
DE LAROCQUE, Notaire à Bellême
DE LONGUEIL (Mme), propriétaire à Mortagne.
DE MALVOUST père, propriétaire à Bellême.
DE MALVOUST fils, propriétaire à Courgeoût.
DE MAUPEOU, Receveur des finances à Mortagne.
DE NOGUÉ, propriétaire à Origny-le-Roux.
D'ORGLANDES père, propriétaire à Igé.
D'ORGLANDES fils,   idem.
DE RAVETON, percepteur à Moulins.
DE LA RIVIÈRE, propriétaire à Saint-Langis.
DE ROBILLARD, propriétaire à Beaulieu.
DE ROMANET, propriétaire à Bellou-le-Trichard.
DE ROMANET (Raimond), propriétaire à Aulnay-les-Bois.
DE VANSSAY (Achille).
DE VANSSAY (Aglibert).
DE VANSSAY (Alfred).

MM.

DE VANSSAY de Blavou.
DE VANSSAY de Saint-Denis.
DE SAINT-VICTOR, propriétaire à Mortagne.
DE SAINT-VINCENT, propriétaire au Pin-la-Garenne.
DIGUET, vétérinaire à l'Aigle.
DUBOURG, à la Ferrière-la-Verrerie.
DUJARRIER, cultivateur à Buré.
DUJARRIER, prop. aux Barres, commune de Courgeoût.
DUBREUIL, de Saint-Hilaire, à Réveillon.
DUBUISSON, substitut du Procureur de la République.
DUDOUIT, avoué à Mortagne.
DUMAS, conducteur des ponts-et-chaussées.
DUPORTAIL, avocat à Mortagne.
DUPORTAIL, cultivateur à Pervenchères.
DROUIN, marchand de vins à Mortagne.
DRUET-DESVAUX, Représentant du Peuple.

FORGE-CAUET, propriétaire à Parfondeval.
FOSSEY, cultivateur à Bures.
FROGER-DESCHÊNE, maire de Tubœuf.
FROMAGE, maire de Bellavilliers.
FROMENTIN, à Saint-Julien.

GALLET, clerc de notaire à Mortagne.
GARRAULT jeune, à Bretoncelles.
GAUTIER, vétérinaire à Mortagne.
GENDREL, à Saint-Germain-de-Martigny.
GÉRARD, huissier à Bazoches.
GÉRU, propriétaire à Échauffour.
GODIN, cafetier à Mortagne.
GOUIN, au château de la Prouterie.
GRANGER, avoué à Mortagne.
GROSOS, lieutenant de gendarmerie à Mortagne.

HARDOUIN, cultivateur à Igé.
HUREL-MASSON, président du tribunal à l'Aigle.

LANDAIS, greffier du tribunal à Mortagne.
LEBAUDIE, propriétaire à l'Aigle.
LEGRAS, cafetier à Mortagne.

MM.

LEMARIGNER, juge de paix à l'Aigle.
LEMONNIER, médecin à Saint-Maurice.
LEPRINCE, huissier à Mortagne.
LEROY, percepteur.
LESAGE, propriétaire à Saint-Aubin-d'Appenay.
LÉVEILLÉ, banquier à Mortagne.
LINDET, propriétaire à Saint-Léger.
LONCIN, imprimeur.
LONGIN, libraire à Mortagne.
LOUVEAU, à la Beaudronnière, près Bellême.

MACCARTHY DE MERVÉ, propriétaire.
MARCHAND (Auguste), Maire de l'Aigle.
MARCHAND, maître de poste à l'Aigle.
MARGUERY père, propriétaire à Saint-Maurice.
MARIETTE, Adjoint au Maire à Mortagne.
MARREAU fils, propriétaire à Mortagne.
MASSIOT, avocat à Mortagne.
MATHIAS, vétérinaire à Bellême.
MAURIZET (veuve), cafetière à Mortagne.
MAZIER, notaire à l'Aigle.
MESNAGER, homme d'affaires à Mortagne.
METTON, rentier à l'Aigle.
MICHAUDEL, Maire à Préaux.
MITTEAUD, cultivateur à Coulimer.
MORIÈRE père, propriétaire à Mortagne.
MOUCHEL, Maire à Ray.

OLIVIER, Procureur de la République à Mortagne.

PAULMIER, maître de forges à Randonnay.
PAULZE D'IVOY, Préfet de l'Orne.
PAUTHONNIER père, propriétaire à Mortagne.
PAUTHONNIER fils, épicier à Mortagne.
PELLETIER, propriétaire au Pin.
PERPÈRE, propriétaire au Pin-la-Garenne.
PETIBON, Maire à Bellême.
PIERRE, maître d'hôtel à Mortagne.
PIQUET père, propriétaire à Mortagne.
PIQUET fils, Représentant du Peuple.
PIQUET, charcutier à Mortagne.
POIRRIER, pharmacien à Mortagne.

MM.

QUÊNU, avoué à Mortagne.

RAGAINE fils, médecin à Mortagne.
RIVIÈRE, propriétaire à l'Aigle.
ROGER (veuve), cafetière à Mortagne.

SAINT-LAMBERT, médecin à Mortagne.
SAUGERON père, avoué à Mortagne.
SAUGERON fils, avocat.

TAFFOREAU, Maire à Pervenchères.
TESSIER, à Mamers.
TROUSSELLE, à Villiers.
TROUSSE, clerc de notaire à Mortagne.

VALLET, propriétaire à Courgeon.
VAUQUELIN, huissier à Mortagne.
VAUX, Maire de Saint-Quentin-de-Blavou.
VIVIEN, notaire à l'Aigle.

Extrait de L'ÉCHO, *Journal d'Annonces judiciaires de
l'arrondissement de Mortagne.*

En vue d'une institution aussi éminemment nationale, qu'encourageante pour l'élève et l'amélioration du cheval percheron, en vue surtout d'une réunion générale des Membres de la Société Hippique qui, aux termes des statuts, doit avoir lieu prochainement : nous croyons, tant il est certain que le chiffre des souscriptions exercera nécessairement une grande influence sur l'examen et la solution des questions qui intéressent les Courses de 1852, devoir faire un nouvel appel aux adhésions et engager MM. les Sociétaires à recueillir des souscripteurs. On peut se faire inscrire chez M. DE MAUPEOU, Trésorier de l'association ou à la mairie de Mortagne.

On est prié, si la demande d'inscription se fait par lettre, de ne pas oublier d'indiquer les nom, prénoms, demeure et le nombre des cotisations de chaque nouveau Sociétaire. — La cotisation est de *cinq francs*, versée annuellement; on ne peut s'engager pour moins de trois années.

MORTAGNE. — IMPRIMERIE DE A. DAUPELEY, PLACE D'ARMES

www.ingramcontent.com/pod-product-compliance
Lightning Source LLC
LaVergne TN
LVHW011049050726
842519LV00004B/1531